Certificats

et

Lettres

1601

pour Mr Peaucellier

Entrepreneur de Travaux publics

Lith. Berringe frères, Place du Caire, 2, Paris.

V

13246

Certificats et Lettres données et adressés à Mr. Peaucellier

Certificats	Lettres
Par MM.	Par MM.
Jullien, Directeur	Jullien
Dubois, Arch.te du Roi	Coudrier, Arch.te en chef (Lyon)
Hittorff, M.bre de l'Institut	Thoyot
de Fourcy, Ing.r en Chef	Hittorff
Marzy, Insp.r divisionnaire	Pignier, Ing.r en Chef C.al
Mouribou, Directeur	Heurtaux
Floncaud, Ing.r en Chef	Didion, Directeur d'Orléans
Thoyot, Ingénieur en Chef	Delahante
Garzat, Secret.re de la Préfect.re	Jay de Roset
Venguy, Arch.te de la Ville	Venguy
Dulin, Arch.te de la Vienne	Morandière, Ing.r en Chef
Pascal, Ing.r du port de Marseille	Frécon, idem
Laudin, Arch.te du Gouvernement	Mathieu
de Mérindol, idem	Garnier, Entrep.r du Pont de Suisse
Compaing, Ing.r des Ponts Ch.ées	Higonnet, Arch.te de la Ville
Crétin, Arch.te en Chef de la	Paulon, Ingénieur
Banque de France et	Croiselle, Desnoyers
des Chemins de fer de l'Ouest	Carteret, Cabasse, Roger, Paoli
	Langlois, le C.te de Monthiev
	Garella, Darblay, Schneider

Certificat de M. Jullien, Ingénieur en Chef et Inspecteur des Ponts et Chaussées, Directeur du Chemin de fer de Paris à Lyon et l'Ouest.

Je soussigné Ingénieur en chef des Ponts et Chaussées et du Chemin de fer de Paris à Orléans, certifie que le S.r Peaucellier (auguste) a exécuté comme Entrepreneur de travaux d'art, une partie des ouvrages de la ligne de Juvisy à Orléans, et qu'il s'est acquitté de sa tâche d'Entrepreneur avec toute la loyauté, le zèle, la capacité et le dévouement désirables.

Je le crois donc très capable d'entreprendre des travaux pour le Gouvernement, et je le recommande au besoin aux Ingénieurs qui pourraient l'employer, comme un bon Entrepreneur.

En foi de quoi, je lui ai délivré le présent certificat pour servir et valoir ce que de droit.

Paris, le 14 Janvier 1842.

Signé Ad. Jullien.

Vu bon pour l'Adjudication du 25 Juillet d'une rampe pour communiquer de la Place Lafayette aux abords de l'Eglise de S.t Vincent de Paul.

Paris, le 23 Juillet

Signé Hittorff, le père.

Vu bon pour concourir à l'adjudication du 15 février prochain
Paris 7 Février, signé : Huvé.

Vu pour l'adjudication des 23 et 25 Mai courant; travaux pour l'appropriation du bâtiment de la Cour des Comptes au logement de Monsieur le Préfet de Police.

Paris, le 13 Mai 1842

Signé Duc. C. Dommey

13246

Certificat de Mr Dubois,

Ancien Architecte de la liste Civile.

Je soussigné, Architecte du Roi et de S. A. R. Mgr Le Duc d'Aumale, Certifie que Mr Peaucellier, Entrepreneur de Maçonnerie, demeurant à Paris, rue Blanche, N° 41, a exécuté sous ma direction des travaux de son état et que j'ai eu lieu d'être satisfait de lui sous tous les rapports.

En foi de quoi, je lui ai délivré le présent certificat pour lui servir et valoir que de raison.

Paris, ce 21 Octobre 1841.

signé: Dubois.

Certificat de M. Thoyot, Ingénieur en Chef des Ponts et Chaussées et du Chemin de fer de Paris au Havre.

Je soussigné, Ingénieur au Corps Royal des Ponts et Chaussées, chargé du service de l'Arrondissement de l'Est du chemin de fer d'Orléans à Tours,

Certifie que le Sr Peaucellier (auguste), Entrepreneur de travaux publics, demeurant à Paris, rue Victor Lemaire, N° 4 a exécuté les importants travaux de construction du chemin de fer d'Orléans à Tours dans la 2e section du département du Loiret et notamment les deux viaducs de Beaugency et de Taven.

Certifie en outre que le Sr Peaucellier a constamment fait preuve de zèle, de capacité et d'activité, et qu'il a loyalement exécuté les conditions de son marché.

Orléans, 12 Septembre 1844

Signé : A. Thoyot.

Vu pour concourir à l'adjudication du 16 8bre Corps de Garde dans les Champs-Elysées.

Signé : Hittorff.

Vu pour concourir à l'adjudication du 18 courant.

Orléans, le 16 7bre 1844.

L'Ingénieur en Chef du Chemin de fer d'Orléans à Vierzon.

Signé : E. Floucaud.

Certificat de M. de Fourcy, Ingénieur du Service Municipal de la Ville de Paris.

Je soussigné, Ingénieur des Ponts et Chaussées, attaché au service municipal de la Ville de Paris, certifie que M. Pierre Auguste Peaucellier a exécuté sous ma direction des travaux importants et qu'il a fait constamment preuve de zele, d'activité et de probité.

Paris, le 7 Septembre 1842

signé : de Fourcy.

Vu pour concourir à l'adjudication du chemin de fer de Paris en Belgique.

Paris, le 26 7bre 1842

Signé : L'Ingénieur en chef Directeur,

E. Robin.

Vu pour concourir à l'adjudication du port de l'hôpital

Paris, 25 Mai 1844

signé : Michol.

Vu pour le 1er Lot de l'adjudication du 12 courant

Paris, 10 Xbre 1842.

signé : Gau.

Vu pour concourir aux Adjudications du 18 Mars à Poitiers, pour les Travaux du Chemin de fer de Poitiers à Steuil.

M. Peaucellier a exécuté dans ces derniers temps d'autres Travaux dont nous avons en connaissance.

Tours, le 6 Mars 1851.

signé : Morandi.

Certificat de Mr. Mary,
Inspecteur Divisionnaire.

Je soussigné, Ingénieur-en Chef des Ponts et Chaussées, Certifie que dans le cours de l'arbitrage dont j'ai été chargé au sujet des travaux du chemin de fer atmosphérique. J'ai eu occasion de reconnaître dans Mr. Peaucellier, Entrepreneur de ces travaux, l'intelligence, la capacité et l'activité nécessaires pour diriger de grandes Entreprises. Je certifie de plus que les ouvrages, quoique payés pour la plupart, au dessous du prix de revient, ont été exécutés avec le plus grand soin et très rapidement.

Paris le 27 Juin 1846,

Signé : Mary.

Vu pour l'adjudication des travaux de maçonnerie du 17 courant.

Paris, ce 5 Août 1846.

signé : Gau.

Vu pour l'adjudication du 17 courant.

Paris 5 Août 1846.

signé : Gau.

Vu pour concourir à l'adjudication du 1er lot de la 1ere section du chemin de fer de Paris à Strasbourg.

Paris, 24 8bre 1846.

signé : de Sermes.

Certificat de Mr Hittorf.
Architecte de la Ville de Paris.

Je soussigné, Architecte de la Ville de Paris et des travaux de la nouvelle Église de St Vincent-de-Paul.

Certifie que le Sr Peaucellier (Auguste) a exécuté comme Entrepreneur de Maçonnerie, sous ma Direction, les travaux des rampes des abords de cette Église et de la Place de Lafayette et qu'il s'en est acquitté avec toute la loyauté, le zèle et la Capacité désirables.

Enfoi de quoi je lui ai délivré le présent certificat pour lui servir et valoir ce que de droit.

Paris, le 5 Décembre 1842.
signé : Hittorff.

Vu bon pour l'Adjudication des travaux de l'Église de St Nicolas à Nantes.

Le 30 Aoust 1843
signé Lacour.

Certificat de M. Mouthon, Ingénieur en Chef des Ponts et Chaussées et Directeur de la Cie du Chemin de fer de Paris à Bourges.

L'Ingénieur des Ponts et Chaussées et de la partie du Chemin de fer de Paris à Orléans comprise entre Juvisy et Etrechy, soussigné, Certifie que M. Peaucellier, Auguste, a été chargé, en qualité d'Entrepreneur de tous les ouvrages d'art compris entre Juvisy et Marolles, sur une longueur de 17 Kilomètres. M. Peaucellier a conduit ces travaux avec la plus grande activité et le soussigné a toujours eu à se louer du zèle de cet Entrepreneur et du soin qu'il a mis à faire exécuter solidement ces Divers travaux.

Juvisy, le 21 Janvier 1844.

signé : Mouthon.

Certificat de Mr Floucaud,

Ingénieur en Chef des Ponts et Chaussées.

L'Ingénieur en Chef soussigné certifie que le Sieur Peaucellier, déjà adjudicataire des Travaux d'art et de terrassement du 1er Lot de la première section du Chemin de fer de Vierzon, possède la capacité requise pour concourir à l'adjudication de ce jour relative à l'exécution des premiers remblais de la levée, à la suite de la culée de gauche du viaduc de la Loire à Orléans.

Orléans, ce 4 Xbre 1844.
signé : Floucaud.

Certificat du Secrétaire Général
de la Préfecture de la Seine.

Préfecture
du Département de la Seine.

Paris, le 12 Août 1846.

Monsieur ;

J'ai l'honneur de vous prévenir que vous êtes au nombre des Entrepreneurs admis à soumissionner les travaux de votre profession à exécuter pour la construction d'une nouvelle Église Place Belle Chasse.

Vous pourrez prendre connaissance dans les bureaux des diverses pièces relatives à ces travaux dont l'adjudication, comme vous le savez, est fixée au 17 courant.

Agréez, Monsieur, l'assurance de ma considération distinguée.

Pour le Pair de France, Préfet
Le Secrétaire Général de la Préfecture
signé : Garrat

Certificat de Mr. Veugny, Architecte de la Ville.

Nous Architecte soussigné, Certifions que le Sieur Peaucellier, Entrepreneur de maçonnerie, demeurant à Paris, Grande Rue Verte N.° 38 a exécuté sous mes ordres divers travaux avec zèle et activité, notamment les maçonneries des cités ouvrières, en foi de quoi nous lui avons délivré le présent certificat, pour qu'il puisse être admis aux adjudications des Travaux d'art du Gouvernement.

Paris, le 24 Juin 1850
signé Veugny.
Architecte, 24 rue Montholon.

Vu pour l'Adjudication du 6 courant relative aux maçonneries du Quai de la Mégisserie.

Paris, le 29 Juin 1850
L'Ingénieur en Chef D. de la Navigation
signé Michal.

Certificat de M. de Mérindol, Architecte des Ministères
des Cultes et de l'Intérieur.

id.   de M. Grillot de Pany, Ingénieur en Chef du
Département de la Vienne.

Nous soussigné, Architecte des Ministères des Cultes et
de l'Intérieur chargé de la restauration de la Cathédrale de
Poitiers (Vienne), certifie que M. Peaucellier a exécuté les
travaux difficiles sous le double rapport de la construction et
de l'art, avec toute l'activité, l'intelligence et la conscience
désirables des fonctions d'Entrepreneur général de cette entreprise importante, dont il avait été chargé.

Fait à Poitiers, le   Mai 1852.
signé : J. de Mérindol.

Visé par l'Ingénieur en Chef du Département de la
Vienne.

Pour l'Ingénieur en Chef en congé,
L'Ingénieur ordinaire délégué,
signé : Grillot de Pany.

Certificat de M. Dulin, Architecte du
Département de la Vienne.

Nous Architecte du Département de la Vienne soussigné, Certifions que le Sr Peaucellier, Entrepreneur de Travaux publics, demeurant à Poitiers a exécuté plusieurs travaux sous notre Direction et que nous lui avons reconnu toutes les qualités requises pour entreprendre et mener à bonne fin tous les travaux qui pourraient lui être confiés.

En foi de quoi, nous lui avons délivré le présent pour lui servir et valoir ce que de droit.

À Poitiers, le 27 Mai 1852.

L'Architecte du département de la Vienne,

signé : Dulin.

Vu pour la légalisation de la signature de Mr Dulin, Architecte du Département, apposée ci-dessus.

Poitiers, le 28 Mai 1852.

Le Maire,

signé : Grillier Aimé.

Certificat de Mr Pascal, Ingénieur du Port de Marseille.

L'Ingénieur des Ponts et Chaussées soussigné certifie que Mr Peaucellier, qui a exécuté de grands travaux sous les ordres de Mr Julien et de divers Architectes, peut-être admis pour concourir à l'adjudication des travaux du mur d'abri.

Marseille, 12 Juin 1852
signé : Pascal.

Vu pour l'adjudication du 15 Juin 1852, concernant l'exécution du mur d'abri de la grande jetée du barage du port de la Joliette.

Marseille, le 12 Juin 1852
L'Ingénieur en chef
signé : Mortier.

Vu pour l'adjudication du Canal de la

Bourges, le 21 Août 1852
signé f. Machart

Certificat. Nous soussignés :

J. Hittorff, Architecte du Gouvernement de la Ville de Paris

J. de Mérindol, Architecte du Gouvernement

Certifions que M. Peaucellier, Entrepreneur de Maçonnerie demeurant à Paris, Avenue d'Antin N° 35, a exécuté sous notre direction, divers travaux importants de sa profession, notamment à St Vincent de Paul et à la Cathédrale de Poitiers. Nous Déclarons avoir en toutes circonstances, reconnu en lui la probité, la capacité et la solvabilité désirables pour la bonne exécution et la garantie des travaux qui pourront lui être confiés.

En foi de quoi nous lui avons délivré le présent certificat dont il a déclaré avoir l'intention de faire usage pour concourir à l'adjudication des travaux à exécuter à la Manufacture Impériale des Tabacs.

Paris, le 5 Avril 1853.

L'Architecte de St Vincent de Paul,
signé : Hittorff.

L'Architecte de la Cathédrale de Poitiers
Signé : J. de Mérindol.

Vu pour l'Adjudication de ce jour ;
Rennes, 7 Juin 1854.

L'Ingénieur en chef, signé Bazzo

Vu pour concourir à l'adjudication de l'Hôtel Dieu.

Rennes, 23 Juin 1854. Les Administrateurs, signé E.G
M. N. A. I.

Vu pour l'adjudication du 26 de ce mois relative à la construction du marché neuf, Paris. 19 Juillet 1854 L'Ingénieur en chef, signé Michal.

Vu par l'Architecte Directeur Des travaux du bois de Boulogne, pour être admis à concourir à l'adjudication en date de ce jour.
Paris, 6 Juin 1853. signé Borze.

Certificat de Mr. J. Laudin, Architecte du Palais Impérial de Meudon.

Je soussigné, Architecte du Palais Impérial de Meudon et de la Manufacture de Sèvres, certifie que j'ai eu Mr. Peaucellier pour Entrepreneur dans des travaux importants exécutés sous ma direction, rue de Montreuil, N°39, pour la société générale des habitations ouvrières, que je n'ai eu qu'à me louer de lui sous tous les rapports de la bonne et prompte exécution des travaux et de l'intelligence qu'il y a apportée; en foi de quoi je lui ai délivré le présent certificat, persuadé qu'il exécutera les travaux qui lui seront confiés, d'une manière entièrement satisfaisante.

Meudon, 17 Juin 1854.

signé : Laudin.

Vu pour l'adjudication de la Cathédrale de Moulins

Moulins, le 20 Juin 1854.

signé : Esmonnot

Vu pour l'adjudication de la Cathédrale.

Moulins, 20 Juin 1854.

Monseigneur l'Évêque de Moulins

signé : Pierre.

Certificat de Mr. Michel Compaing,
Ingénieur des Ponts-et-Chaussées.

L'Ingénieur ordinaire soussigné certifie que Mr. Peaucellier a exécuté divers travaux d'art et notamment les déblais de la grande tranchée granitique sur le deuxième lot, compris entre Givray et Steuil, et qu'il a montré dans ces divers travaux, une grande habitude des chantiers de cette nature ; sa conduite sous tous les rapports a d'ailleurs été toujours irréprochable.

Poitiers, ce 9 Xbre 1857
signé : Michel Compaing.
Ingénieur des Ponts et Chaussées.

Vu et Validé par l'Ingénieur-en-Chef pour concourir à l'adjudication des Travaux entre Condac et Ruffec.
Angoulême, 11 Xbre 1857.
Signé : E. Noël.

18.

Certificat de M. Gabriel Crétin,

Architecte en Chef de la Banque de France,
et des Chemins de fer de l'Ouest.

Je soussigné, Architecte de la Banque de France, dé-
clare avoir fait exécuter des travaux à l'Entreprise Générale
par M. Peaucellier, Entrepreneur, et n'avoir eu que de la satisfaction de sa part, tant sous le rapport de l'honorabilité, que
sous celui de la bonne exécution.

Paris, le 15 7bre 1859

signé : Gabriel Crétin

Lettres diverses
des Compagnies et de MM.
les Ingénieurs et Architectes.

Lettre de Mr. Ad. Jullien,
Ingénieur Inspecteur en Chef des Ponts et Chaussées.
Directeur des Chemins de fer de Paris à Lyon et de l'Ouest.

Monsieur Peaucellier,

Demain matin nous faisons notre premier voyage de Paris à Orléans avec une locomotive, voulez-vous être de la partie ?

Nous partons à 6 heures précises du matin, ainsi, si cela vous va, soyez exact.

Recevez mes salutations empressées.

signé : Ad. Jullien.

Compagnie
du
Chemin de Fer
de
Paris à Orléans

5, Boulevard de l'Hôpital.

Monsieur

Nous allons faire à Marolles une gare de
marchandises, si vous voulez vous en charger, veuillez
me répondre de suite.

J'ai bien l'honneur de vous saluer
signé : A. Cendrier.

Lettre de M. Cendrier,

Architecte en Chef du Chemin d'Orléans et de Lyon.

Monsieur Peaucellier,

Monsieur Morandière, Ingénieur en Chef du Chemin de fer d'Orléans, m'a fait demander aujourd'hui votre adresse; il vous a fait chercher à votre ancienne demeure.

J'ai dit que je croyais avoir chez moi de quoi le satisfaire, mais j'ai réfléchi qu'il valait mieux vous laisser le choix d'y aller ou de ne pas y aller; je vous donne donc avis de la demande, vous en userez comme bon vous semblera.

J'ai l'honneur de vous saluer,

signé : A. Cendrier.

Chemin de Fer
d'Orléans à Tours.

Arrondissement
de l'Est.

22.

Lettre de Mr Thoyot.

Orléans, 30 Août 1844.

Monsieur l'Ingénieur en Chef,

Je vous prie de me permettre de vous présenter Mr
Peaucellier, Entrepreneur de Travaux d'art et de Terrassements
de la vallée de Beaugency. J'ai en lieu d'être satisfait de son
activité et de la loyauté avec laquelle il a exécuté les ouvrages
dont il a été chargé; il a le désir d'entreprendre les travaux
que vous mettez actuellement en adjudication et je souhaite
pour vous comme pour lui, que les prix lui paraissent
suffisants.

Veuillez agréer, Monsieur l'Ingénieur en Chef,
mes sentiments respectueux.

signé : Thoyot.

À Monsieur l'Ingénieur en Chef des Ponts et Chaussées, Baillond.

Lettre de Mr Hittorff.

Monsieur,

J'ai des travaux pressés à faire à St Vincent-de-Paul pour terminer les mariages mixtes. Je désire vous charger de ces travaux, à la suite de ceux qui vous ont été adjugés pour les rampes et que vous avez si bien et si promptement exécutés.

Si vous étiez en position d'entreprendre ce travail, veuillez me répondre par écrit et venir me voir demain matin, mardi, à 11 heures pour prendre mes instructions.

J'ai l'honneur de vous saluer,
— signé : Hittorff.

Paris, Lundi 1er Mars 1847.

Mr Peaucellier.

Lettre de Mr Hittorff.

Paris, le 9 Juillet 1845.

Monsieur

Comme Mr Saigne, à cause du mauvais état de sa
santé, a donné sa démission d'Entrepreneur des travaux de
St Vincent de Paul, je viens vous demander si vous seriez
disposé à le remplacer pour les travaux de maçonnerie qu'il
y a encore à y exécuter. Dans ce cas, je vous invite à me faire
parvenir une réponse affirmative, afin que je puisse adresser à
M.^r le Préfet la demande de vous substituer à Mr Saigne
Ce qui me paraît d'autant plus convenable que l'Administration
n'a eu qu'à se louer de la manière dont, comme adjudicataire,
vous avez exécuté l'important travail de la rampe de cette église.

J'ai l'honneur de vous saluer,
signé : Hittorff.

Mr Peaucellier.

Compagnie
du Chemin de Fer
de
Paris à Strasbourg.

40, Rue des Petites-Écuries.

Lettre de Mr. Vignier,
Ingénieur-en-Chef.

Paris, le 11 Avril 1846.

Monsieur,

Voudriez-vous prendre la peine de passer à mon bureau, Mercredi prochain, de midi à 1 heure ? J'aurais à vous entretenir d'une affaire qui pourrait vous intéresser.

J'ai l'honneur de vous saluer,
signé : Vignier
Ingénieur-en-Chef.

Mr. Peaucellier, Entrepreneur.

Lettre de Mr. Heurtaux.

Compagnie
du Chemin de fer
de
Paris à Sceaux.

Quai Malaquais, 15.

Paris, 8 Février 1845

Monsieur,

J'ai l'honneur de vous prévenir que le Conseil d'Administration a prorogé jusqu'au 16 Février courant, le délai qui devait expirer le 10, pour examiner le Cahier des Charges des Travaux à exécuter pour la Compagnie.

Vous pourrez donc en prendre connaissance jusqu'à cette époque, au siège de l'administration, de 10 à 4 heures.

Recevez, Monsieur, l'assurance de mes sentiments distingués,

Le Secrétaire du Conseil d'Administration
signé : Heurtaux.

A Mr. Peaucellier.

République Française.

Ministère
de l'Intérieur

Secrétariat général.

Paris, 19 Juin 1848.

Citoyen et cher Collègue,

J'ai l'honneur de vous transmettre comme objet rentrant dans vos attributions, une pétition du citoyen Peaucellier, qui demande au nom d'un grand nombre d'ouvriers, une concession de terres en Algérie, d'une assez grande étendue, pour y fonder une colonie de 20,000 hommes, et des moyens de transport pour les Émigrans.

Cette pétition me paraît de nature à fixer toute votre attention dans les circonstances actuelles.

Salut et fraternité

Pour le Ministre

Le Sous Secrétaire d'état.

signé : Carteret.

Je connais particulièrement le pétitionnaire Peaucellier, c'est un homme actif, intelligent, intrépide qui manœuvre 10,000 ouvriers comme 50. C'est un des entrepreneurs de Grands travaux les plus habiles de Paris.

J'appelle toute l'attention du ministre sur sa demande.

Carteret

au Ministre de la Guerre.

Nota. Il y a diverses lettres de Mr Ferdinand Bariot sur ce même projet qui a été accepté à l'assemblée générale dont Monsieur Dufaure était le Président.

Compagnie

de

Chemins de Fer
d'Orléans & du Centre

7 Boulevard de l'hôpital

Direction

Objet :

Lettre de Mr. le Directeur Didion.

Paris, 14 Août 1852.

Monsieur

J'ai reçu la lettre que vous m'avez adressée le 6 courant pour me demander la concession d'une partie des travaux d'art et de terrassements des lignes de la Rochelle ou de Rochefort.

Les bons témoignages joints à votre demande sont des titres, Monsieur, qui ne peuvent manquer de vous assurer la confiance de la Compagnie, mais elle n'est pas en mesure de s'occuper du chemin de la Rochelle ; Je vous retourne en conséquence, les certificats joints à votre lettre, et je prends note de votre demande

Recevez, Monsieur, l'assurance de ma parfaite considération.

Le Directeur
signé : Didion.

Mr. Peaucellier, Entrepreneur de travaux à Poitiers.

Lettre de M. Delahaute

à

M. le Préfet de Moulins.

___

Mon Cher Ami,

Cette lettre sera remise par M. Peaucellier, ancien Entrepreneur du Chemin d'Orléans.

J'ai toujours eu d'excellents rapports avec M. Peaucellier; je m'intéresse beaucoup à lui et si tu peux faire quelque chose en sa faveur dans l'affaire qui l'occupe à Moulins, tu me feras le plus grand plaisir.

Mille bonnes amitiés

signé : Delahaute.

Paris le 18 Juillet 1834.

Certificat de M. Veugny, Architecte de la Ville de Paris.

Je soussigné, Architecte de la Cité Napoléon et de l'Administration des Bains et Lavoirs de la Ville de Paris, certifie que M. Auguste Peaucellier, Entrepreneur de Travaux publics, à Paris, a exécuté, tout récemment, sous ma direction, des travaux importants pour l'exécution desquels il a constamment fait preuve de capacité et de zèle, tout en remplissant avec loyauté et ponctualité tous ses engagements, tant envers l'administration que vis-à-vis de ses ouvriers et fournisseurs.

En foi de quoi, je lui ai délivré le présent certificat dont il pourra faire usage pour soumissionner de nouveaux travaux :

A Paris, le 18 Juin 1854

signé : Veugny

Vu pour l'adjudication de la Cathédrale de Moulins

Moulins, 20 Juin 1854.

signé Esmonnot

Vu pour l'adjudication de la Cathédrale de Moulins

Moulins le 20 Juin 1854.

Monseigneur l'Évêque de Moulins

signé Pierre.

Ponts-et-Chaussées

Lettre de M. Morandière.

Chemin de Fer
de
Tours à Bordeaux

- 1ère Section.

Monsieur,

J'ai l'honneur de vous retourner les certificats que vous avez bien voulu m'envoyer avec votre lettre du 20 de ce mois ; j'ai lu ces certificats, que je connaissais déjà ; mais je n'ai pu aussi qu'en prendre note, parce qu'il ne m'a pas encore été rien dit du chemin de Poitiers à la Rochelle, et il vous paraîtra au moins nécessaire d'attendre que la Compagnie ait pris une décision et l'ait fait connaître.

Veuillez, Monsieur, recevoir une nouvelle assurance de ma considération distinguée.

signé : Morandière.

à M. Peaucellier.

Lettre de M. Morandière.

Cⁱᵉ du Chemin de fer
de Paris à Orléans

Chemin de fer
de Poitiers à la Rochelle
et à Rochefort.

Travaux
à concéder.

Tours, 20 Octobre 1853

Monsieur,

J'ai l'honneur de vous faire savoir que les travaux du Chemin de fer de Poitiers à la Rochelle doivent être commencés très prochainement entre Poitiers et St. Maixent, sur une longueur d'environ 50 Kilomètres, qui a été divisée en 5 lots.

Si vous désiriez, Monsieur, entreprendre une partie de ces ouvrages, vous auriez à vous rendre le plus tôt possible sur les lieux, pour en étudier avec soin les détails, et vous devriez présenter ensuite, avant le 15 9ᵇʳᵉ prochain, vos offres, à M. Didion, Directeur de la Compagnie du Chemin de fer de Paris à Orléans, dont les bureaux sont à Paris, Boulevard de l'hôpital.

Veuillez, Monsieur, recevoir l'assurance de ma considération distinguée.

L'Ingénieur en Chef
signé R. Morandière

Compagnie
des
Chemins de Fer
de l'Est

Ligne
de
Nancy à Vesoul.

Objet :

Lettre de M. Frécot.

Metz, 13 e Mars 1858

Messieurs,

    Votre soumission du 27 février dernier pour l'exécution de la section du chemin de fer d'Ailleville à Faverney a été soumise à l'examen du Comité de Direction et du Conseil d'Administration. J'ai le regret de vous informer que des propositions plus avantageuses ayant été produites, il n'a pas été possible d'accepter les vôtres.

    Agréez je vous prie, Messieurs, l'assurance de ma considération distinguée.

L'Ingénieur en Chef,
signé : Frécot

À Messieurs S. Salvi et Peaucellier, Entrepreneurs,
47, Rue de l'Oratoire du Roule, à Paris.

Lettres de Messieurs Mahieu & Garnier,

Entrepreneurs du Point de Solferino.

Mon cher Confrère,

J'ai l'honneur de vous adresser M. Garnier, Entre-preneur de Travaux publics qui aurait besoin de trouver un Confrère aussi capable que vous pour estimer un matériel d'une certaine importance, je pense que peut-être vos moments vous laisseront la possibilité de lui rendre ce service

Recevez, je vous prie, l'assurance de ma parfaite considération,

signé : Mahieu.

Monsieur,

Serez-vous assez obligeant, Monsieur, pour me faire le sacrifice de 12 à 15 jours en acceptant la mission d'expert, que je désirerais vous confier tout d'abord ?

Je suis, en attendant votre réponse, Monsieur, Votre très obéissant serviteur,

signé : Garnier.

Lettre de M.ʳ L. Higonnet,
Architecte de la Ville.

Monsieur,

Je regrette de ne pas vous rencontrer, J'ai une affaire d'environ 300 mille francs à vous donner.

Veuillez, je vous prie, venir chez moi de 5 à 7 heures, je vous attendrai.

Ou bien demain matin, jusqu'à 9 heures 1/2, chez moi.

Tout à vous
signé : L. Higonnet.

Compagnie
du
Chemin de Fer
de
Paris à Orléans.

Lettre de M.r Didion.

Paris, 10 Mars 1855.

Monsieur,

Par-suite des propositions qui sont en ce moment soumi-
ses à la sanction du Gouvernement, la Compagnie du Chemin de
fer de Paris à Orléans, peut avoir prochainement à exécuter
les travaux de construction du Chemin de fer de St Germain des
fossés à Roanne; pour éviter toute perte de temps dans le cas où
cette prévision serait réalisée, je suis disposé à recevoir, dès à
présent, des soumissions conditionnelles pour les travaux de
projets en état d'être adjugés, ces projets sont les suivants:
                    suit le tableau:

Si vous désirez entreprendre une partie de ces travaux, vous
devriez remettre une soumission cachetée à M.r Desnoyers.

Recevez, Monsieur, l'assurance de ma
parfaite considération,

Le Directeur de la Compagnie
signé: Didion

à M.r Peaucellier.

Compagnie
du
Chemin de fer
d'Orléans.

Réseau Central.

Cabinet
de l'Ingénieur en Chef.

Lettre de M. Paulon, Sous-Ingénieur.

Périgueux 30 Avril 1859.

Monsieur,

Vous avez adressé à M. l'Ingénieur en chef, une demande ayant pour objet la concession de travaux sur le réseau central d'Orléans.

J'ai l'honneur de vous donner avis que les travaux à exécuter pour la construction du chemin de fer de Limoges à Agen, partie comprise entre l'extrémité de la Gare de Limoges et le derrière de la culée droite du Viaduc biais près l'usine Ardant (souterrain de Limoges) sur une longueur de 3.970m 19c évalués à la somme totale de un million sept cent mille francs, seront adjugés très prochainement.

Si votre intention est de concourir à cette adjudication, vous pourrez vous présenter au Bureau de M. l'Ingénieur en chef avant le 16 Mai prochain.

Agréez, Monsieur, l'assurance de ma considération distinguée.

Le Sous Ingénieur
signé Paulon.

à M. Peaucellier.

Lettre de Mr Paulon.

Compagnie
du
Chemin de fer d'Orléans

Réseau Central.

Cabinet
de l'Ingénieur en Chef

Travaux.

Ligne de Périgueux au Lot.

Section
de Brives à la Dordogne.

Périgueux 1er Août 1857.

Monsieur

Vous avez adressé à Mr l'Ingénieur en chef, une demande à l'effet d'être admis à soumissionner les travaux du réseau central.

J'ai l'honneur de vous donner avis que les travaux à exécuter pour la construction du souterrain de Montplaisir et des travaux aux abords, évalués à la somme d'environ Deux millions quatre cent mille francs, seront adjugés le 16 de ce mois.

Si votre intention est de concourir, vous pouvez vous présenter au bureau de Mr l'Ingénieur en Chef, pour prendre communication des pièces du projet, ainsi que des clauses et conditions imposées aux Entrepreneurs par la Compagnie.

Agréez, Monsieur, l'assurance de ma considération distinguée.

Le Sous-Ingénieur attaché au service central,

signé : Ch. Paulon.

Mrs Pr Salvi et Peaucellier.

Lettre de M.ʳ Croiselle Desnoyers.

Ingénieur en Chef.

Compagnie
du
Chemin de fer d'Orléans

Ligne
de Nantes à Châteaulin

Service
de l'Ingénieur en Chef.

Nantes, 13 Août 1859.

Messieurs,

J'ai l'honneur de vous informer que les offres que vous avez faites pour l'exécution des 1.ᵉʳ 2.ᵉ 3.ᵉ 4.ᵉ et 5.ᵉ Lots du Chemin de Nantes à Châteaulin n'ont pu être acceptées par le Conseil de la Compagnie, parce que d'autres Entrepreneurs ont consenti des rabais plus avantageux pour la C.ᵉ que ceux que portaient vos soumissions.

La prochaine adjudication de travaux pour la même ligne reste fixée au 26 du courant.

Veuillez, Messieurs, recevoir l'assurance de ma considération distinguée.

signé : Croiselle Desnoyers

Ingénieur en Chef.

M.ʳˢ Peaucellier et P. Salvi.

Compagnie
du
Chemin de fer d'Orléans

Bureau Central

Cabinet
de
l'Ingénieur en Chef

Lettre de Mr. Paulon.

Périgueux, 26 Août 1859.

Monsieur,

Vous avez adressé à Mr. l'Ingénieur en chef, une demande à l'effet d'être admis pour soumissionner le lot de 16 Kilomètres, 3e Section, entre Limoges et Périgueux; pressez-vous, l'adjudication aura lieu le 10 Septembre 1859.

Agréez, Monsieur, l'assurance de ma considération distinguée,
Le sous-Ingénieur attaché au Service Central,
signé: Ch. Paulon.

Lettre de M. Ch. Paulon.

Périgueux, 10 7bre 1859.

Monsieur,

Vous avez adressé à M. l'Ingénieur en Chef une demande à l'effet d'être admis à soumissionner les travaux du réseau central.

J'ai l'honneur de vous donner avis que si votre intention est de concourir à l'adjudication des travaux du Chemin de fer entre le chemin de Salles au Moulin-Pelitzer et le chemin de Laffages-Bas à Foncave-Petit, évalués à la somme de Deux millions trois cent mille francs, ils seront adjugés le 1er 8bre prochain.

Les soumissions seront reçues le 1er 8bre, de midi à 5 heures du soir seulement.

Agréez, Monsieur, l'assurance de ma considération distinguée,

Le Sous Ingénieur attaché au service Central,
signé : Ch. Paulon.

Lettre de M^r Ch. Paulon.

Périgueux, 12 7bre 1859.

Monsieur

Vous avez adressé à M^r l'Ingénieur en Chef, une demande à l'effet d'être admis à soumissionner les travaux du réseau central.

J'ai l'honneur de vous donner avis que si votre intention est de concourir à l'adjudication des travaux du chemin de fer entre le piquet 0 de la série 11e et le piquet 4 de la 22e série, évalués à la somme d'environ Onze cent mille francs, ils seront adjugés le 29 de ce mois.

Les soumissions seront reçues le 29 septembre, de midi à 5 heures du soir seulement.

Agréez, Monsieur, l'assurance de ma considération distinguée.

Le Sous-Ingénieur attaché au Service Central,
signé : Ch. Paulon.

Lettre de Mr. Carterel, Conseiller d'État,
ancien Secrétaire Général du Ministère de l'Intérieur.

Paris, 28 Juin 1862

Cher Monsieur Peaucellier,

J'ai fait une déplorable méprise, j'ai cru que dans cette affaire de Reims que vous m'aviez adressée avec tant d'obligeance, votre désir était que je trouvasse les fonds nécessaires.

On me dit aujourd'hui que vous êtes en mesure d'entreprendre cette affaire et disposé à l'entreprendre, si mon sentiment lui est favorable.

Je m'empresse donc de réparer mon erreur et de vous dire que dans mon opinion, cette affaire est sérieuse, bonne et de nature à donner de beaux profits. J'ajoute que je pourrai vous amener des concours d'argent, et enfin je vous dirai que cette affaire dans la ville de Reims au milieu de ma famille, a pour moi un attrait tout particulier. Je serai donc charmé de m'en occuper surtout avec vous, et de renouer ainsi d'anciennes relations trop rares et jamais oubliées.

Votre affectionné
signé F. Carterel
J. F. montmartre

MM. Cabasse, Banquiers à Paris et M. Cabasse père.

Paris, 25 Août 1862.

Monsieur,

Je vous saurais gré de prendre la peine de passer chez moi. demain, vous me trouverez jusqu'à deux heures. Je désire vous entretenir d'une affaire qui, si elle était à votre convenance, pourrait vous assurer des chances très-profitables.

Veuillez Monsieur, agréer l'expression de mes sentiments les plus distingués,

signé : Prosper Cabasse.

Ancien Procureur-Général,

4, Rue Lepelletier.

Société Civile du Canal du Darien.

Monsieur,

Je vous remercie de la lettre que vous m'avez écrite; les pièces déposées chez vous nous sont indispensables pour 48 heures, et M. Cabasse et moi vous prions de nous les renvoyer.

Agréez mes affectueuses civilités,

signé : P. Roger.

Rue Montbabor, 8

Lettre de M. Bourcier, ancien Consul.

Paris, 21 Janvier 1863.

Monsieur,

Dimanche prochain, à onze heures, M.M. Garella et Samper, consuls de la Nouvelle-Grenade, M. Depuydt de Champville, se réunissent chez moi pour causer de l'entreprise qui nous occupe (Darien). Je vous serais très reconnaissant de bien vouloir assister à cette réunion et d'y accepter un modeste déjeuner.

Dans cet espoir, agréez je vous prie, l'assurance de ma parfaite considération.

Votre tout dévoué,
signé : J. Bourcier.

Lettre de Mr. Jules Séguin.

Paris, 13 Février 1863.

Monsieur,

Si vous ne donnez pas suite à vos projets de Canal (Darien) il va y avoir un bien grand travail à faire au printemps, pour l'achèvement des chemins de ceinture de Paris.

Vous devriez vous attaquer là, je voudrais y voir occuper un jeune homme à qui je m'intéresse et qui est déjà au courant ; je pourrais vous y être utile à tous les deux —

Je ne sors jamais avant midi.

Salut affectueux,
signé : J. Séguin,
47, rue du Bac.

Monsieur J. Paoli.

Paris, 19 Février 1863.

Monsieur,

Ayant terminé à ma satisfaction la négociation que je suivais pour la constitution du capital du Chemin de fer Corse, je m'empresse de vous en donner avis, afin que vous ne donniez pas suite à des démarches qui seraient désormais sans objet.

Recevez, Monsieur, l'assurance de ma parfaite considération.

signé : J. Paoli.

Monsieur F. Langlais, Architecte.

Paris, 18 Mai 1863.

Monsieur

S'il vous était possible de passer chez moi demain mardi à 1ʰ je vous entretiendrais de l'affaire des constructions de Chaix dans le Parc de Bercy, dont je vous ai déjà parlé.

Recevez, je vous prie, Monsieur, mes civilités empressées

signé: F. Langlais.

9, rue des Champs-Elysées.

Je prie le Gardien du domaine de Bercy, de laisser pénétrer le porteur du présent pour se rendre compte de la situation des terrains de Bercy et faire sa soumission.

signé: F. Langlais.

Monsieur le Comte de Montbier

Paris, 31 Mars 1863.

Monsieur —.

J'ai reçu hier soir par le courrier la nouvelle qui met notre combinaison au néant, un traité semblable à celui que vous proposez, a été définitivement conclu avec des compatriotes de nos associés.

Je regrette, je vous l'assure, de voir manquer cette affaire qui, je le sais de toutes parts, nous aurait donné une satisfaction complète.

Veuillez, je vous prie, recevoir l'expression de mes regrets et l'assurance de mon estime et de ma considération.

signé : de Montbier —.

Monsieur Garella, Ingénieur en Chef des Ponts et Chaussées.

Paris, 9 Mai 1863.

Mon Cher Monsieur~

Soyez assez bon pour venir me voir, ou donner moi un rendez vous, j'ai à causer avec vous d'une affaire très importante.

Croyez, je vous prie, à mes sentiments dévoués.

signé : C. Garella

Paris, le 16 Septembre 1863.

**Compagnie
des
Chemins de Fer
des
Charentes.**

Rue Saint Lazare, 7.

Direction

Monsieur,

J'ai l'honneur de vous informer que la Compagnie adjugera le 26 Octobre prochain les travaux de la 1ère section de la ligne de Rochefort à Angoulême.

Si votre intention est de concourir à cette adjudication, vous pourrez vous présenter à l'administration centrale, à Paris du 18 au 26 Septembre, de 10 heures du matin à 4 heures du soir, à M. Marindaz, chef du bureau des études qui, sur la remise de la présente circulaire, vous donnera communication du cahier des clauses et conditions générales, du devis et cahier des charges, des plans et profils relatifs au lot à adjuger.

Après examen de ces pièces, il vous sera remis, sur votre demande, une lettre d'introduction, auprès de M. Saraz, chef de section, à Rochefort, auprès duquel vous devrez vous rendre, et qui vous donnera sur reçu les pièces principales du marché et vous laissera prendre copie des autres.

À la date indiquée ci-dessus, vous adresserez à M. le Président du Conseil d'administration vos propositions sous pli cacheté, en y joignant les pièces qui vous auraient été remises signées par vous pour acceptation.

Agréez, Monsieur, mes salutations empressées.

Le Directeur de la Compagnie,

Love

(1) 26 8bre

à Monsieur Peaucellier

38, Boulevard d'Argenson,

Parc de Neuilly.

Monsieur Sabatini

Naples, 6 7bre 1863.

Cher Monsieur Peaucellier,

Je suis resté un mois en attendant v/ réponse à la lettre que j'ai eu l'honneur de vous adresser le 3 Août dernier. Je ne saurais pas m'expliquer votre silence surtout en vue de tant de circonstances favorables qui se sont données pour engager l'affaire dont vous vous êtes chargé. Le Ministre Lepoli a passé plusieurs jours à Paris, d'après les journaux, le Prince ...... sous prétexte d'aller en Suisse a eu une entrevue avec le Roi à Turin. Après avoir tant causé, je vous assure que je manque de mots pour vous recommander une vaste entreprise qui pourrait récompenser très largement les personnes qui s'en mêlent. Veuillez bien me répondre sans délai pour me tenir au courant de ce qui se passe à l'objet...

Je vous avais prié en même temps de me dire la nouvelle demeure de Mr Barillou.

Veuillez, je vous prie Monsieur, recevoir l'expression de mes sentiments distingués

signé: Sabattini.

Lettre de Monsieur Darblay
Député au Corps Législatif.

Paris, le 22 9bre 1865

Monsieur Peaucellier,

J'ai bien reçu votre lettre du 19 Ct ainsi que votre brochure sur un projet de canal de ceinture et de jonction des voies navigables de Paris. J'aurais été très honoré de me trouver à côté de Mr Bartholony dans le conseil dont vous me proposez de faire partie ; mais, mes occupations multipliées ne me permettent pas d'accepter la proposition que vous voulez bien me faire.

Veuillez, je vous prie, agréer avec l'ex=pression de mes regrets, mes salutations les plus empressées.

signé : Darblay.

Lettre de Mr. Schneider.

Président de la Société Générale au Corps Législatif.

Paris, 28 9bre 1865.

Monsieur,

J'ai reçu la lettre que vous m'avez fait l'honneur de m'écrire, et je l'ai lue avec l'intérêt qu'elle comporte.

Puisque vous désirez réclamer le concours de la société générale pour l'Entreprise que vous projetez, vous n'avez qu'à savoir son directeur et lorsque votre proposition aura été examinée dans nos bureaux, si elle passe devant le Conseil d'administration, je puis vous assurer que j'y prêterai toute mon attention.

Recevez, Monsieur, mes civilités empressées.

signé : Schneider

61